Uday Nandaniya
D. K. Gojiya
A. L. Vadher

Estudo da resistência dos solos nas explorações agrícolas da Universidade Agrícola

Uday Nandaniya
D. K. Gojiya
A. L. Vadher

Estudo da resistência dos solos nas explorações agrícolas da Universidade Agrícola

ScienciaScripts

Imprint
Any brand names and product names mentioned in this book are subject to trademark, brand or patent protection and are trademarks or registered trademarks of their respective holders. The use of brand names, product names, common names, trade names, product descriptions etc. even without a particular marking in this work is in no way to be construed to mean that such names may be regarded as unrestricted in respect of trademark and brand protection legislation and could thus be used by anyone.

Cover image: www.ingimage.com

This book is a translation from the original published under ISBN 978-3-330-33057-3.

Publisher:
Sciencia Scripts
is a trademark of
Dodo Books Indian Ocean Ltd. and OmniScriptum S.R.L publishing group

120 High Road, East Finchley, London, N2 9ED, United Kingdom
Str. Armeneasca 28/1, office 1, Chisinau MD-2012, Republic of Moldova, Europe
Printed at: see last page
ISBN: 978-620-7-85259-8

ESTUDO DA RESISTÊNCIA DO SOLO DE JUNAGADH QUINTAS UNIVERSITÁRIAS

BY

U. L. NANDANIYA

D. K. GOJIYA

Prof. A. L. VADHER

UNIVERSIDADE DE AGRICULTURA E TECNOLOGIA

UNIVERSIDADE AGRÍCOLA DE JUNAGADH

JUNAGADH - 362 001

JANEIRO DE 2014

ÍNDICE

Capítulo 1
INTRODUÇÃO

1.1 Geral

A camada superior da superfície terrestre, constituída por partículas de rocha e minerais misturadas com matéria orgânica, é designada por solo.

O solo é uma parte vital de qualquer ecossistema. De facto, a nossa própria existência depende dos 15 a 20 cm que temos debaixo dos pés. É o ambiente natural para o crescimento das plantas. Fornece nutrientes essenciais para o crescimento das plantas e suporta as suas raízes. O solo é o crivo ambiental que controla o destino dos poluentes e encaminha a água para as várias vias do ciclo da água. O solo é um meio de reciclagem natural. O tecido vegetal morto e os corpos de animais e humanos são decompostos nos seus elementos básicos e depois reintegrados no ciclo da vida. O solo é um habitat vivo para microrganismos, insectos, répteis e pequenos mamíferos. O solo é um meio técnico para o ecossistema criado pelo homem.

O solo é constituído por diferentes proporções de minerais, ar, água e matéria orgânica. Um solo saudável é composto por aproximadamente 40% de minerais, 23% de água, 23% de ar, 6% de matéria orgânica e 8% de organismos vivos (Fonte: Elementos de Engenharia Agrícola por J. Shahay).

A textura do solo refere-se às proporções relativas de partículas minerais de diferentes tamanhos num determinado solo. Estas partículas são classificadas em 3 categorias básicas: areia, silte e argila. As partículas de areia são as maiores partículas do solo (2,0 mm-0,050 mm), com exceção do cascalho ou de outras rochas. As partículas de tamanho médio são chamadas siltes (0,050mm-0,002mm). As partículas mais pequenas do solo são as argilas (<0,002 mm).

Os solos são classificados em diferentes grupos de tamanho com base no diâmetro efetivo das partículas. As duas principais classificações de textura do solo que se desenvolveram ao longo dos anos são o sistema do Departamento de Agricultura dos Estados Unidos (USDA) e o sistema da Sociedade Internacional de Ciência do Solo (ISSS). No Quadro 1.1 é apresentado um resumo destes dois sistemas de classificação.

Quadro 1.1: Sistemas de classificação granulométrica do Departamento de Agricultura dos EUA e da Sociedade Internacional de Ciência do Solo (Fonte: about.com/geography)

Partículas	USDA	ISSS
Argila	< 0,002 mm	< 0,002 mm
Silte fino	0,002 - 0,006 mm	
Silte médio	0,006 - 0,02 mm	0,002 - 0,05 mm
Lamas grosseiras	0,02 - 0,05 mm	
Areia muito fina	0,05 - 0,1 mm	
Areia fina	0,1 - 0,25 mm	0,05-0,2 mm
Areia média	0,25 - 0,5 mm	
Areia grossa	0,5 - 1,0 mm	0,2-2,0 mm
Areia muito grossa	1-2 mm	
Cascalho/pedras	> 2 mm	> 2 mm

Os solos recebem nomes únicos, baseados em concentrações de areia, silte e argila, e são convenientemente organizados no triângulo de textura do solo mostrado na Figura 1.1.

Os termos pesado e leve são frequentemente utilizados para descrever os solos. Referem-se à facilidade com que o solo pode ser trabalhado e não ao peso do solo. Os solos pesados são geralmente solos mais finos que requerem mais potência, uma vez que são mais pegajosos devido ao seu maior teor de argila. Os solos leves têm um teor de areia mais elevado (e, por conseguinte, uma estrutura grosseira), são menos pegajosos e requerem menos "força muscular" para serem trabalhados.

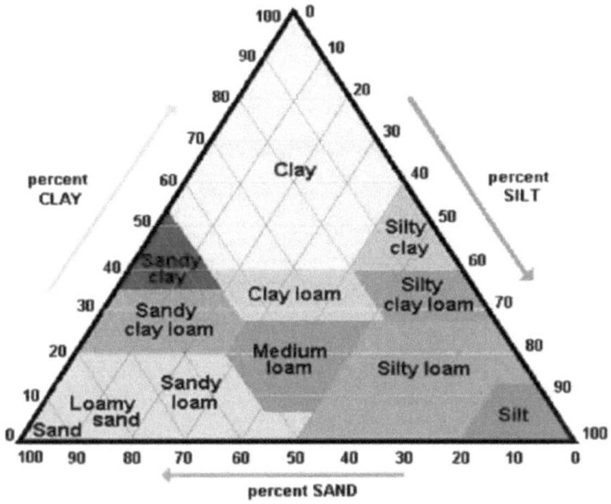

Fig. 1.1 Triângulo do solo (fonte: oneplan.org/soil triangle)

A Índia é um país agrícola. A área geográfica da Índia é de aproximadamente 328 milhões de hectares, dos quais 147 milhões de hectares são cultivados e 84 milhões de hectares são irrigados. Estes números mostram que uma grande quantidade de terra não é cultivada nem irrigada. Por outro lado, a população está a aumentar a um ritmo alarmante, pelo que é necessário produzir mais alimentos para esta população em crescimento (Elements of agricultural technology de J. Shahay).

De acordo com o cenário mediático das Nações Unidas, a população do país atingirá 1,53 mil milhões em 2050 e 1,62 mil milhões em 2100 devido ao rápido crescimento demográfico. O principal desafio para o sector agrícola da Índia é satisfazer a procura crescente de alimentos para alimentar uma população cada vez maior. Com base no consumo per capita de cereais alimentares, a Índia terá de produzir cerca de 500 milhões de toneladas de cereais alimentares para uma população de 1,7 mil milhões de pessoas.

Este problema pode ser resolvido aumentando a área irrigada, através de várias técnicas de proteção do solo contra a água, ou através de práticas agrícolas intensivas e integradas, incluindo a mecanização da agricultura.

A resistência do solo é o parâmetro mais importante na conceção de alfaias agrícolas. As alfaias trabalham diretamente com o solo. A resistência do solo é o parâmetro mais importante para conceber o tamanho das ferramentas de trabalho, a escolha dos materiais, a fonte de energia, a profundidade e a largura do trabalho de acordo com os requisitos. Foi por isso que decidimos embarcar neste projeto.

A resistência do solo é uma medida da força exercida sobre a máquina por unidade de área na direção oposta à da deslocação. Pode ser medida utilizando equipamento manual (penetrómetros) ou automático (penetrógrafos).

1.2 OBJECTIVOS

1. Estudo das propriedades do solo.
2. Medição da resistência do solo em vários locais.

Capítulo 2

REVISÃO DA LITERATURA

Para estudar a resistência do solo, foram revistos os trabalhos anteriores de vários cientistas de todo o mundo. Muitos cientistas utilizaram os seus esforços e métodos científicos para estudar a resistência do solo. Algumas das sínteses sobre a resistência do solo são apresentadas neste capítulo.

Zhang e Kushwaha (1995) estudaram um modelo de resistência do solo tridimensional modificado, desenvolvido a partir do modelo McKyes-Ali. O modelo baseia-se na minimização da resistência total do solo para determinar o ângulo de rotura, e não apenas na componente gravítica do solo. O método proposto optimizou a formulação matemática, reduziu o tempo de cálculo e eliminou a necessidade de utilizar tabelas para determinar os vários coeficientes necessários para prever a resistência do solo ao corte. O método também permitiu uma previsão mais exacta da resistência do solo com base nos modelos da cunha simples modificada e das duas cunhas, em comparação com os resultados do modelo McKeys-Ali.

Bronick e Lal (2004) estudaram a estrutura do solo, que tem uma grande influência nas condições edáficas e no ambiente. É frequentemente expressa como o grau de estabilidade dos agregados. A agregação resulta do rearranjo, floculação e cimentação das partículas. É mediada pelo carbono orgânico do solo (SOC), pontes iónicas, argilas e carbonatos. As interacções complexas destes agregados podem ter um efeito sinérgico ou perturbador na agregação. As partículas de tamanho argiloso estão geralmente associadas à agregação por rearranjo e floculação, embora a argila inchada possa perturbar os agregados. Os compostos organometálicos e os cautelosos formam pontes entre as partículas. O COS provém de plantas, animais e microrganismos e dos seus excrementos. Promove a agregação ligando as partículas primárias do solo. A eficácia do COS na formação de agregados estáveis depende da sua taxa de decomposição, que, por sua vez, é influenciada pela sua proteção física e química contra o ataque microbiano. $^{2+2+}$O carbono inorgânico do solo (SIC) aumenta a agregação em ambientes áridos e semi-áridos, e a formação de carbonatos secundários é influenciada pela presença de SOC e de Ca e Mg . O solo liberta CO_2 e forma SOC, o que aumenta a dissolução de carbonatos primários, enquanto a precipitação de carbonatos secundários aumenta. A precipitação de hidróxidos, fosfatos e carbonatos promove a agregação. $^{4+3+3+2+}$Precauções como Si , Fe , Al e Ca estimulam a precipitação de compostos que actuam como aglutinantes para as partículas primárias. As raízes e as hifas podem emaranhar as partículas, reorientando-as e libertando compostos orgânicos que mantêm as partículas unidas, um processo que tem um efeito positivo no sequestro de carbono do solo. A estrutura do solo pode ser consideravelmente modificada por métodos de gestão e alterações ambientais. Uma gestão que aumente a produtividade e reduza a perturbação do solo promove a agregação e a evolução estrutural.

Hamza e Anderson (2004) estudaram a compactação do solo como um dos maiores problemas da agricultura moderna. A utilização excessiva de maquinaria, o cultivo intensivo e as rotações curtas. O pastoreio intensivo e a gestão inadequada do solo conduzem à compactação do solo. A compactação do solo ocorre numa grande variedade de solos e climas. É agravada pelo baixo teor de matéria orgânica do solo e pela lavoura ou pastoreio quando o solo está muito húmido. A compactação do solo aumenta a resistência do solo e reduz a sua fertilidade física, reduzindo o armazenamento e o fornecimento de água e nutrientes, o que leva a necessidades adicionais de fertilizantes e a custos de produção mais elevados. Isto resulta em necessidades adicionais de fertilizantes e em custos de produção mais elevados. Como resultado, o crescimento das plantas é reduzido, o que leva a uma menor adição de matéria orgânica fresca ao solo. Os nutrientes são menos reciclados e mineralizados, a atividade dos microrganismos é reduzida e o desgaste das máquinas de cultivo aumenta. Este artigo analisa a literatura sobre a compactação do solo, centrando-se na investigação publicada nos últimos 15 anos. Examinamos a natureza e as causas da compactação do solo e as possíveis soluções propostas na literatura. Foram propostas várias abordagens para resolver o problema da compactação do solo, que devem ser aplicadas consoante o solo, o ambiente e o sistema de cultivo. As seguintes técnicas de partículas foram identificadas como evitáveis. Atrasar ou prevenir a compactação do solo: (a) Reduzir a pressão exercida sobre o solo através da redução da carga por eixo e/ou do aumento da área de contacto das rodas com o solo; b) Trabalhar o solo e permitir o pastoreio quando a humidade do solo é óptima; c) Reduzir o número de passagens efectuadas pelas máquinas agrícolas e a intensidade e frequência do pastoreio; d) Limitar o tráfego a certas zonas do campo (tráfego controlado); (e) Aumento da matéria orgânica do solo através da armazenagem dos resíduos das culturas e do pastoreio; f) Eliminação da compactação do solo através da abertura de fendas profundas com um agregador; g) Rotações de culturas que incluam plantas com raízes principais profundas e fortes; h) Manutenção de uma saturação de base adequada e de uma nutrição completa para satisfazer as necessidades das plantas, a fim de reforçar o sistema solo/cultura contra influências externas adversas.

Huang (2004) estudou a realização de uma análise de deslocamento por elementos finitos para um ensaio de penetração de cone em solos sem coesão. Ao modelar o alongamento finito no solo e o deslizamento em grande escala na interface entre o penetrómetro e o solo, o autor simula um processo de penetração mais realista, no qual o penetrómetro é assumido como rígido e o solo como um contínuo elástico-perfeito-plástico obedecendo ao critério de Mohr-Coulomb. A força do cone obtida nos cálculos mostra que a profundidade da penetração estacionária depende do estado de tensão e das propriedades do solo. São realizados estudos paramétricos para ilustrar a influência de vários factores na resistência do cone no estado estacionário. É demonstrado que o tipo de deformação do solo em torno do cone e da zona plástica são semelhantes aos causados pela expansão da cavidade. As resistências do cone calculadas são comparáveis às correlações empíricas baseadas na teoria da expansão da cavidade.

Murad (2004) investigou o facto de o ensaio de penetração piezo-cónica (PCPT) ser amplamente reconhecido como o instrumento in situ preferido para a investigação do subsolo e a caraterização do solo. As medições do PCPT podem ser utilizadas para a identificação e avaliação de vários parâmetros do solo. Foram propostos diferentes métodos de interpretação para avaliar a resistência e os parâmetros de consolidação de solos coesivos utilizando dados de ensaios piezoeléctricos de penetração e dissipação. Este relatório avalia a capacidade dos actuais métodos de interpretação do PCPT para prever adequadamente os parâmetros de consolidação necessários para calcular o assentamento total e a taxa de tempo de um solo coeso. Foram seleccionados sete locais no Louisiana para este estudo. Em cada local, os ensaios PCPT foram realizados in situ e foram registadas as sondagens da resistência da ponta do cone (qc), do atrito do manto (fs) e da pressão dos poros (u1 e u2). Foram também efectuados ensaios de dissipação a diferentes profundidades de penetração. Foram recolhidas amostras de tubos Shelby de alta qualidade nas proximidades dos ensaios PCPT e utilizadas para um programa de ensaios laboratoriais exaustivo, que incluiu um ensaio de compressão uniaxial, um ensaio triaxial e um ensaio de consolidação unidimensional com edómetro. O módulo de tensão tangencial (M), o rácio de sobreconsolidação (OCR) e o coeficiente de consolidação vertical (CV) previstos pelos diferentes métodos de interpretação foram comparados com os valores de referência obtidos nos ensaios de consolidação em laboratório. Os resultados deste estudo mostraram que os parâmetros de consolidação do solo podem ser adequadamente previstos a partir de dados de ensaios de penetração e dissipação de piezocon, fornecendo um perfil contínuo destes parâmetros com a profundidade. Os resultados deste estudo foram verificados através da comparação dos assentamentos previstos pelos métodos PCPT com os assentamentos calculados em laboratório e medidos no campo em três locais seleccionados.

Rogers (2006) explorou o facto de os engenheiros geológicos serem mais frequentemente incumbidos de caraterizar locais difíceis para posterior análise por engenheiros geotécnicos. A nossa capacidade de desenvolver o programa de exploração, amostragem e ensaio mais eficaz baseia-se na experiência única de cada um de nós. O método mais eficaz de caraterização de locais complexos envolve um estudo de fundo exaustivo da área a investigar, seguido de um programa de exploração do subsolo bem concebido, que normalmente inclui perfurações de pequeno diâmetro. As sondagens cónicas com penetrómetro são cada vez mais utilizadas, particularmente para avaliar o potencial de liquefação do solo (Robertson e Wride, 1997; Youd e Idriss, 1997; Martin e Lew, 1999; e Lew, 2001). O engenheiro geológico deve, sempre que possível, considerar a utilização de ambas as técnicas, uma vez que cada uma tem ligeiras vantagens em relação à outra, mas têm um melhor desempenho quando combinadas nos mesmos locais. O SPT proporciona uma visão direta dos materiais do subsolo (o que não acontece com o CPT) e pode fornecer informações importantes sobre a natureza do subsolo, particularmente materiais sem coesão contendo partículas finas. O método CPT é frequentemente capaz de detetar horizontes discretos que normalmente passariam despercebidos se fossem recolhidas amostras de furos de sondagem em intervalos de profundidade determinados. No entanto, os valores absolutos da resistência de pico, do atrito da bainha (atrito local) e da pressão dos poros devem ser avaliados com um elevado grau de discernimento, uma vez que se trata apenas de medições do comportamento do material durante a penetração da cabeça do cone, sujeito às limitações já mencionadas da taxa de carga, geometria, pressão dos poros e alterações no regime hidrológico.

Kvetoslava (2008) estudou a compactação mecânica do solo numa pastagem de montanha (altitude de 920 m). A resistência à penetração foi estudada em áreas compactadas pelos cascos de gado (raça Charolesa), que foram comparadas com áreas não cultivadas após a desflorestação. Verificou-se que a resistência à penetração aumenta com a profundidade. No entanto, um aumento intenso da compactação só foi registado a uma determinada profundidade. A compactação do solo na área não cultivada e na pastagem ceifada foi de grande importância para a diminuição da resistência à penetração (MPa), em comparação com a área utilizada durante todo o ano pelo pastoreio.

Tekeste et al (2009) investigaram a importância de determinar com exatidão a localização da zona de dureza do solo para uma lavoura o mais precisa possível. Os penetrómetros de cone são frequentemente utilizados para localizar zonas duras nos solos. Esta determinação é mais complexa em solos estratificados devido à reação complexa do solo à penetração dos cones. Foi desenvolvido um modelo de elementos finitos (EF) axissimétrico para simular a penetração de cones e, assim, prever a localização do hardpan num solo argiloso arenoso estratificado em Norfolk. O solo foi considerado como um material elástico-plástico não linear e foi modelado utilizando um modelo Drucker-Prager com a opção Hardening no ABAQUS, um pacote de elementos finitos disponível comercialmente. O ABAQUS/Explicit foi utilizado para simular a interação entre o solo e o par de cones de contacto. Os resultados mostraram que o modelo de EF captou a tendência da resistência à penetração com dois pontos de deflexão que indicam o início do endurecimento e o pico da resistência à penetração do cone. Os resultados previstos pelo modelo de EF mostraram que a placa de solo endureceu até uma profundidade de 7,29 cm, em comparação com 11,08 cm dos ensaios de penetração do cone. A humidade do solo, a densidade aparente e a condição da superfície do cone influenciaram significativamente os resultados previstos e experimentais. A simulação também mostrou zonas de deformação do solo aproximadamente três vezes o diâmetro do cone, que se desenvolveram à volta do cone que avançava.

Crush e Thom (2011) investigaram o facto de a compactação do solo devido ao pisoteio do gado ter sido um problema para os agricultores da Nova Zelândia durante mais de meio século. A compactação do solo limita a penetração das raízes, conduzindo a uma fraca ancoragem e à vulnerabilidade das plantas ao desenraizamento durante o pastoreio. Também limita o acesso à humidade e aos nutrientes do solo, reduzindo o desempenho da erva em condições de stress. O tratamento mecânico dos solos compactados melhora as propriedades físicas do solo, mas os efeitos positivos no crescimento das pastagens são menos fáceis de demonstrar. As oportunidades para reduzir o impacto da compactação do solo na resistência das pastagens incluem uma melhor gestão do solo para reduzir a frequência e a gravidade da compactação e, a longo prazo, novas gramíneas com características de raiz e caule que atenuem os efeitos da compactação.

Celika (2011) realizou um estudo de três anos (2006-2009) sobre os efeitos de seis práticas de mobilização do solo na condutividade hidráulica saturada (HC), na densidade aparente (BD) e na resistência à penetração (RP) de um solo argiloso (haploxertos típicos) em condições mediterrânicas semi-áridas. O ensaio foi realizado em blocos completos aleatórios com três repetições. Os tratamentos foram: lavoura convencional com resíduos incorporados (CTS), lavoura convencional com resíduos queimados (CTB), lavoura reduzida com grade de discos em tandem pesada (RTD), lavoura reduzida com cultivador de solo (RTR), lavoura reduzida com grade de discos em tandem pesada para a primeira cultura + sementeira direta para a segunda cultura (RNT) e sem lavoura (NT). O estudo foi efectuado em rotações de trigo-milho, trigo-soja e trigo. Os efeitos da lavoura sobre a HC, BD e PR foram significativos nas profundidades do solo de 0 a 30 cm. A condutividade hidráulica foi mais alta com CTS, seguida por CTB, RTR, RTD, RNT e NT. Em 2007 e 2008, os valores de condutividade hidráulica sob NT foram 20% e 30% menores, respetivamente, do que aqueles sob CTS na profundidade de 0-30 cm. A lavoura convencional sob condições semi-áridas melhorou o valor de HC com uma diminuição na BD e PR do solo argiloso. Os valores de BD e PR foram mais elevados nos tratamentos NT do que nas parcelas lavradas e aumentaram com a profundidade. Os valores do indicador de compactação do solo foram significativamente mais altos para o plantio direto e o plantio reduzido do que para o plantio convencional em todas as profundidades do solo estudadas.

Nwankwo et al (2012) investigaram o comportamento do solo subsuperficial durante a aplicação de um campo de baixo potencial utilizando a configuração de medição da resistência eléctrica da Schlumberger. As propriedades de três tipos de solo diferentes, incluindo argila arenosa, argila arenosa e areia argilosa, também foram investigadas através de análises laboratoriais. O objetivo era determinar a variação das propriedades eléctricas do subsolo, tais como a resistividade eléctrica e a polarização dieléctrica, em função da textura e da estrutura do solo, da densidade, da humidade do solo e da mineralogia. O resultado mostra que a resistividade eléctrica varia para os diferentes tipos de solo a diferentes profundidades entre 1,33 e 9,77 para a argila arenosa, entre 2,09 e 23,06 para a argila areno-lodosa e entre 3,26 e 128,0 para a areia argilosa, enquanto a resistividade aparente vai de 125 para a argila arenosa a 1,448*1000 para a areia argilosa. O resultado interpretado do VES mostra uma variação na resistividade com a profundidade e as unidades litológicas. Tanto a resistência eléctrica como a constante dieléctrica aumentam com a profundidade para a areia siltosa, o silte arenoso e a argila arenosa, uma vez que o tamanho do grão do mineral do solo diminui com o teor de humidade e a distribuição do espaço poroso com a profundidade. No entanto, a magnitude da variação da constante dieléctrica com a compactação é da seguinte ordem: silte arenoso > argila arenosa > argila arenosa. Os solos com constantes dieléctricas mais elevadas, como as argilas arenosas, devem ser mais adequados para utilização agrícola em regiões tropicais, especialmente durante a estação seca. Estudos laboratoriais e de campo sobre as propriedades eléctricas das rochas mostram que tanto a constante dieléctrica como a resistividade do solo aumentam com a profundidade e a densidade.

Chris et al (2012) investigaram o facto de a medição da compactação do solo ser um fator importante na monitorização da fertilidade do solo, que desempenha um papel importante no ciclo de produção das plantas. A resistência do solo à penetração é o método mais utilizado para medir a compactação do solo. É rápido e simples, embora tenha limitações significativas devido à sua estreita relação com o teor de água do solo e à sua elevada variabilidade no campo, exigindo um maior número de amostras, o que é fastidioso e demorado. Neste trabalho, foi desenvolvido um sistema rápido e robusto de resistência à penetração em 5 pontos, acoplado ao engate de três pontos do trator, utilizando células de carga e combinado com um recetor GPS. Foi também instalado um sensor ultrassónico para monitorizar a profundidade de penetração. Foi desenvolvido um programa de software utilizando Microsoft Visual Basic para a recolha de dados. Foram adicionados pinos de segurança e um alarme de software para garantir a segurança do equipamento quando são encontradas pedras ou solos mais duros do que um valor limite. O sistema foi testado com sucesso num campo experimental onde foram investigados cinco métodos de lavoura, incluindo o plantio direto. Os resultados mostraram que o sistema é capaz de detetar camadas de solo compactadas e de representar a variabilidade espacial.

Analisando todas as avaliações anteriores, podemos dizer que a medição da resistência do solo é um conceito útil para a conceção de diferentes máquinas e da fonte de energia necessária para determinadas máquinas, sendo também útil para planear a ligação à terra. O solo também pode ser dividido de acordo com a sua resistência.

Capítulo 3

MATERIAIS E MÉTODOS

Este capítulo trata do equipamento e dos métodos utilizados para estudar a resistividade do solo. As observações, medições e métodos são descritos neste capítulo.

3.1 Penetrómetro

Antes de cada medição com o penetrómetro, é necessário calibrar o aparelho, carregando-o cuidadosamente com diferentes pesos. Anota-se o valor medido durante a calibração e elabora-se um diagrama do peso e do valor medido com esses valores medidos e o peso correspondente aplicado.

A calibração e a medição do cone são efectuadas em laboratório antes da sua utilização no campo. Após a calibração e a medição do tamanho do cone, a leitura deve ser efectuada em qualquer parcela no campo, aplicando uma carga específica, e a leitura deve ser anotada.

A área da superfície do cone deve ser calculada medindo o diâmetro e a altura do cone, e o rácio entre a carga aplicada e a área da superfície do cone é a resistência do solo. Deve-se ter cuidado ao fazer a leitura, pois mesmo pequenas perturbações podem perturbar a leitura, e também se deve ter cuidado para garantir que o instrumento está corretamente calibrado. Podem ocorrer erros durante a calibração e, por vezes, é necessário recalibrar o instrumento várias vezes para obter valores de medição correctos.

Para medir o teor de humidade, escolha uma caixa de solo adequada para receber a amostra e pese-a (w_d). Verificar se está seca. ^{o}Retirar da caixa a quantidade recomendada de amostra de terra (w_1) e colocá-la na estufa à temperatura indicada até que a amostra atinja um peso constante (a 106 C durante cerca de 24 horas). Quando a amostra estiver seca, retirá-la, colocá-la num exsicador para arrefecer e pesá-la (w_{d+ds}). Calcular o peso final da amostra W2 = (w_{d+ds} - w_d). Calcular o peso da água removida da amostra subtraindo o peso final do peso inicial da amostra (w_i - w_2). Calcular o teor de humidade em base húmida e em base seca do seguinte modo

Teor de humidade (% base húmida),

$$\text{Moisture Content (\%wb)} = \frac{\text{initial weight} - \text{final weight}}{\text{initial weight}} \times 100$$

Moisture content (% dry basis),

$$\text{Moisture Content (\%db)} = \frac{\text{initial weight} - \text{final weight}}{\text{final weight}} \times 100$$

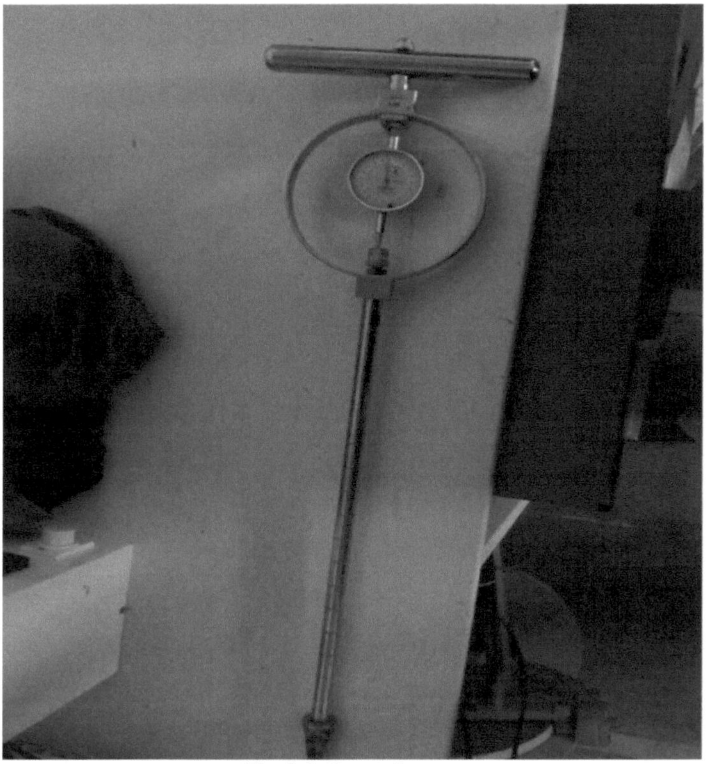

Fig. 3.1: Penetrómetro

Fig. 3.2: Calibração laboratorial do penetrómetro

3.2 Penetrologista

Antes de se poder efetuar uma medição com o penetrólogo, deve ser elaborado um plano de trabalho de campo. Este plano inclui a definição das áreas de trabalho de campo, o número de medições por área e as configurações do penetrólogo (por exemplo, tipo de cone e velocidade de penetração). É possível criar ou programar o plano no penetrógrafo, mas é mais prático utilizar um computador.

Para o efeito, é necessário instalar um software no computador. Ligando o computador ao penetrologue através de um cabo, o plano programado pode ser enviado do computador para o penetrologue.

Uma vez programado o plano, o penetrógrafo está pronto para medir a resistência à penetração. No terreno, efectua o número de medições necessário para cada parcela programada.

Os dados, até um máximo de 500 medições, são automaticamente armazenados na memória do registador. Se necessário, podem ser efectuados ajustes ao plano no terreno.

Os dados de medição podem ser visualizados no local sob a forma gráfica ou numérica no penetrógrafo. O software permite que os dados sejam lidos e processados no computador e impressos numa impressora ou plotter.

1. Escolher um tipo de cone. [2]Regra geral, utiliza-se na ciência do solo um cone de 1 cm e um ângulo de ponta de 60°. Se o cone for demasiado grande, a força máxima de penetração do penetrómetro pode ser excedida. Um cone demasiado pequeno pode fornecer dados de medição incorrectos, uma vez que apenas é medido um pequeno impacto. 2 cm
2. Fixar a haste de deteção e aparafusar o cone. Utilizar as ferramentas para apertar e desapertar as peças. Encaixar a haste de deteção com o acoplamento rápido no penetrógrafo e apertar o parafuso.

Como os cones se desgastam, é aconselhável verificar as dimensões com o verificador de cones antes de os utilizar. Se as dimensões tiverem caído abaixo do diâmetro de rejeição, os cones já não podem ser utilizados para medições fiáveis. As extremidades dos cones que se tornaram assimétricas são inaceitáveis.

3. Ligar o sensor de humidade do solo opcional à porta de comunicação do penetrógrafo. Uma vez programado e montado o penetrógrafo, pode iniciar-se a medição.
4. Ligar o penetrologue.

Quando o penetrógrafo é utilizado pela primeira vez numa determinada área, a determinação GPS demora mais tempo do que o habitual. As medições seguintes serão mais rápidas (< 8 seg.).

5. Seleccione MEASR no MENU PRINCIPAL.

Seleccione um projeto no MENU MEASR. Os parâmetros do projeto serão apresentados. Seleccione um projeto e escolha OK. A janela de medição abre-se. A medição da primeira parcela no projeto selecionado pode começar. Coloque a placa de referência de profundidade na superfície do solo. As arestas elevadas devem estar viradas para baixo. Introduzir o cone do penetrómetro no orifício da placa. Segurar o cone o mais verticalmente possível:

- Evitar que o atrito entre a barra e o solo afecte a resistência à penetração.
- Obter uma leitura correcta da profundidade. O sensor ultrassónico mede a profundidade. Os sinais ultra-sónicos enviados pelo sensor são reflectidos de volta para o sensor através da placa de referência de profundidade.

Nota: a inclinação do penetrógrafo não deve afastar-se mais de 3,5° da posição vertical.

Para obter medições correctas com o sensor ultrassónico, recomendamos que se coloque de costas para o vento em dias ventosos (caso contrário, o ruído do vento pode interferir com a medição ultra-sónica).

6. Seleccione START para iniciar a medição.

   Se a humidade for sim, o penetrólogo indica-o;

   Introduzir a sonda e premir Start. A humidade do solo é apresentada pela primeira vez em percentagem: ThetaProbe...% VOL. GUARDAR DADOS ?

   Se estiver satisfeito, prima SIM (a percentagem é guardada).

   Prima novamente o botão START para iniciar a medição.

   Seleccione SIM em resposta à questão de saber se a medição deve ser registada (as coordenadas GPS da medição e qualquer percentagem de humidade do solo são registadas) ou NÃO se não pretender utilizar a medição e repeti-la.

7. Introduzir o indentador uniformemente e tão verticalmente quanto possível, a uma velocidade constante definida no plano. Com uma velocidade recomendada de 2 cm/s, o tempo necessário para atingir 80 cm é de 40 segundos.

Nota: utilizar o nível de bolha de ar no penetrógrafo para verificar a posição vertical do penetrógrafo.

8. Quando a profundidade atinge 80 cm, a medição deve ser interrompida. Seleccione STOP para parar a medição prematuramente se a profundidade máxima não for possível ou necessária. Selecionar YES para confirmar que a medição foi registada (medição, coordenadas GPS e, se necessário, percentagem de humidade do solo) ou NO para interromper o registo da medição e começar de novo. 23
9. Se necessário, efetuar medições repetidas na mesma parcela (em função do número de

penetrações definido para cada parcela). Escolha um local a pelo menos 1 m de distância das outras parcelas que estão a ser medidas, para evitar que as medições se influenciem mutuamente. Continue a medir as outras parcelas.

No MENU INFO DO SISTEMA (seleccione INFO no MENU PRINCIPAL), pode verificar um número de pontos antes da medição:

- Data e hora reais
- Bateria. Energia restante da bateria em % (tensão da bateria). Um valor de 100% indica uma bateria cheia.
- o número de série do penetrógrafo
- Versão do software
- Versão do hardware
- número de medições armazenadas na memória (penetrações)
- Medidas restantes ("Reservado")
- Espaço de memória restante.

Fig. 3.4: Caixa de penetrologos

Capítulo 4
RESULTADOS E DISCUSSÃO

4.1 PENETROMETRO :

O penetrómetro é um instrumento de mão utilizado para medir a resistência do solo. Para medir com o penetrómetro, o instrumento é primeiro calibrado, carregando-o com diferentes pesos e anotando o valor da escala para os diferentes pesos. Com base nos valores medidos registados, é elaborado um diagrama do peso e do valor da escala, que é utilizado para determinar o peso aplicado durante o ensaio de campo.

A área de superfície do cone utilizado para a medição é calculada. O cone é calibrado e medido em laboratório antes de ser utilizado no terreno. Uma vez calibrado e medido o cone, deve ser efectuada uma leitura em qualquer parcela de terreno, aplicando um peso específico e anotando o valor medido. O peso aplicado deve ser calculado com base na calibração anterior.

Fixar o ponto num diagrama e seguir o processo de medição. Anote a leitura na balança e compare-a com o diagrama para obter um peso.

^{2}Medir a superfície do cone utilizado para a medição e, em seguida, tomar a relação entre o peso aplicado (kg) e a superfície do cone (cm), que dá a resistência do solo num determinado ponto.

O diagrama de calibração é mostrado abaixo, com o eixo horizontal representando o peso aplicado ao penetrómetro no laboratório. O eixo vertical representa o valor de medição obtido quando o peso é alterado.

Fig. 4.1: Diagrama de calibração do penetrómetro

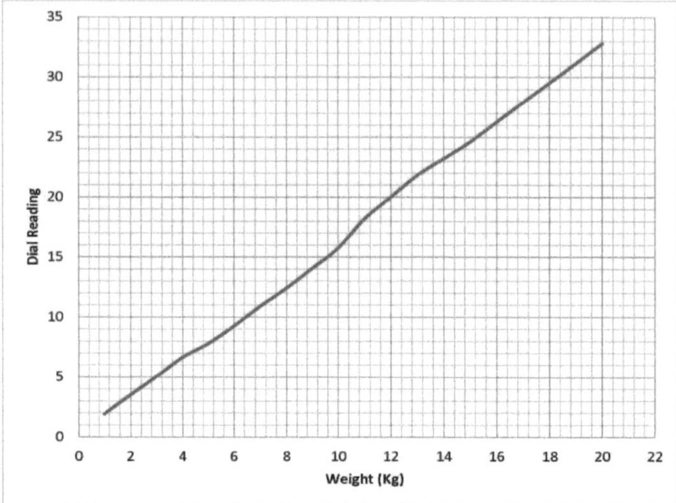

Tabela 4.1: Medição da resistência do solo com o penetrómetro

Não.	Selecionar o anúncio	Peso aplicado (kg)	Tamanho do cone (cm2)	Resistência do solo (Kg/ 2) / cm
Lote 1	21	12.50	56.52	0.2212
	24	14.29	56.52	0.2529
	23	14.11	56.52	0.2497
Lote 2	23	13.72	56.52	0.2429
	23.50	14.13	56.52	0.2501
	22	13.28	56.52	0.2351
Lote 3	29.50	18.16	56.52	0.3214
	32	19.49	56.52	0.3449
	29	17.57	56.52	0.3109

Fig. 4.2: Calibração do penetrómetro

Fig. 4.3: Medição no local com penetrómetro

4.2 PENETRÓLOGO

O penetrologue é um aparelho automático para medir a resistência do solo. Para efetuar medições com o penetrologue, é necessário, em primeiro lugar, ligá-lo a um computador no qual esteja instalado o software penetrologue. Introduzir alguns dados, tais como o nome do projeto, o nome da parcela, o número de medições, etc. Os dados introduzidos são armazenados tanto no computador como no penetrologista.

Ler os dados introduzidos num campo e guardar os dados após cada medição. Voltar a ligar o instrumento ao computador e os dados devem ser convertidos num gráfico. A resistividade do solo deve ser calculada utilizando a equação.

O penetrólogo também fornece dados como o índice de cone, o teor de humidade e as coordenadas GPS no local medido. Estes dados podem ser utilizados para vários fins em estudos de campo.

Tabela 4.2: Medição da resistência do solo com o penetrómetro

Não.	Força (N)	Tamanho do cone $(cm)^2$	Resistência do solo (kg/cm^2)
Lote 1	2.1	1.0	**0.21**
	2.1	1.0	**0.21**
	2.1	1.0	**0.21**
Lote 2	2.39	1.0	**0.239**
	2.39	1.0	**0.239**
	2.39	1.0	**0.239**
Lote 3	3.07	1.0	**0.307**
	3.07	1.0	**0.307**
	3.07	1.0	**0.307**

Fig. 4.4: Medição no local com penetrógrafo

Fig.4.5: Comparação entre um penetrómetro e um penetrógrafo

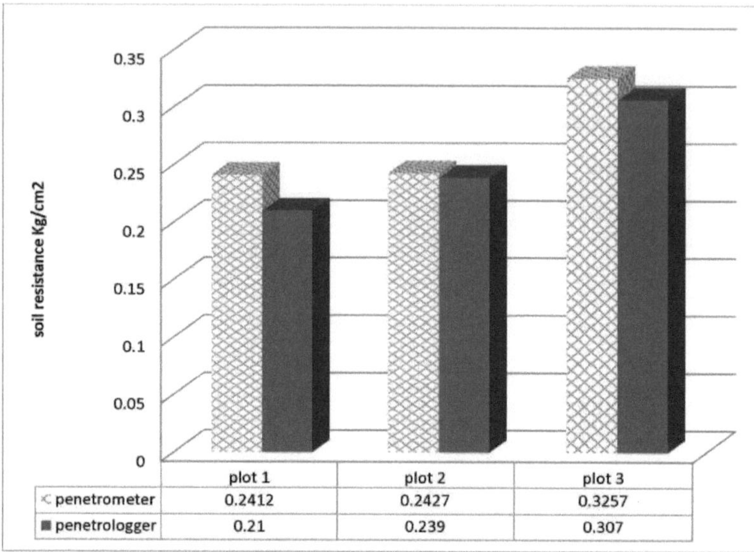

soil resistance Kg/cm2
0.35
0.3
0.25
0.2
0.15
0.1
0.05
0
plot 1
plot 2
plot 3
penetrometer
0.2412
0.2427
0.3257
penetrologger
0.21
0.239
0.307

Capítulo 5

RESUMO E CONCLUSÕES

A fim de testar a resistência de diferentes solos utilizando um penetrómetro e um penetrógrafo, os ensaios foram efectuados no CAET, Junagadh. Foram seleccionados diferentes locais nos campos do CAET para os ensaios de resistência do solo.

As medições foram efectuadas no mesmo local com ambos os instrumentos (penetrómetro e penetrómetro) e a resistência do solo foi calculada nesses pontos.

De acordo com o estudo da resistência do solo do campo CAET e da resistência do solo determinada no campo, os solos da parcela 1 do campo CAET e da parcela 2 do campo são solos arenosos e os da parcela 3 do campo são solos areno-argilosos.

O penetrómetro e o penetrógrafo são utilizados para testar a resistência. Destes dois instrumentos, o penetrómetro é mais preciso e mais fácil de utilizar, ao passo que o trabalho com o penetrómetro é um pouco mais complicado e também menos preciso. O penetrómetro deve ser calibrado no laboratório a intervalos regulares para garantir a exatidão das medições.

O trabalho com penetrómetros também envolve muitos ajustes no laboratório antes de utilizar o instrumento no terreno, e a calibração do instrumento é um processo difícil. A calibração pode falhar se o instrumento não for mantido na mesma posição com pesos diferentes.

A calibração do instrumento tem por vezes de ser repetida para se obter uma melhor precisão. Neste caso, o penetrómetro é também menos preciso do que o penetrólogo. A determinação da resistência do solo com um penetrómetro requer numerosos cálculos, o que torna o processo mais moroso.

O Penetrologger é mais adequado para determinar a resistência do solo. Não requer calibração ou ajustes laboratoriais e não existem cálculos adicionais para determinar a resistência do solo, pelo que o Penetrologger demora menos tempo e é mais eficiente e exato.

O custo do penetrógrafo em comparação com o penetrómetro é elevado, mas o penetrógrafo é mais preciso, demora menos tempo e é fácil de trabalhar, dando-nos trabalho útil num curto espaço de tempo.

BIBLIOGRAFIA

Bronick, C.J. e Lal, R. (2005). *Estrutura e gestão do solo*. Geoderm. Volume: 124, p. 3-22.

Celik Ismail (2011). *Efeitos dos métodos de lavoura na resistência à penetração, densidade aparente e condutividade hidráulica saturada em solo argiloso* Journal of agricultural sciences. Volume: 17, pp. 143-156.

Chris Cavalaris; Spyros Fountas; DimitrisParaforos; Christos Karmoutis; Theofanic A. Gemtos; Nawaf Abu-Khalaf e AristotelisTagarakis (2012). *Um penetrómetro de cinco pontos com GPS para medir a variabilidade da compactação do solo.*Computadores e eletrónica na agricultura. Volume : 96 pp. 109- 116

Crush, J.R. e Thom, E.R. (2011). *Os efeitos da compactação do solo no enraizamento, crescimento e persistência das pastagens*. Persistência da pastagem - Pesquisa sobre pastagens
e prática. Volume: 15 pp. 73-78.

Hamza, M.A. e Anderson, W.K. (2005). *Compactação do solo em sistemas de cultivo - Uma visão geral da natureza, causas e possíveis soluções*. Soil & Tillage Research. Volume: 82, p. 121-145.

http://www.about.com/geography

http://www.oneplan.org/soil triângulo

Huang, W.; Sheng, D.; Sloan, S.W. e Yu, H.S. (2004). *Análise de elementos finitos da penetração de cones em solos sem coesão*. Computador e Geotecnia. Volume: 31, p. 517-528.

Ji Zhang e Kushwaha, R. L. (1995). *Um modelo modificado para a previsão da resistência da lâmina de solo*. Soil & Tillage Research. Volume: 34, p. 157-168.

KvetoslavaStankovicova; Jan Novak; JozefBajla e JurayChlpik (2008). *Resistência à penetração do solo durante a utilização de pastagens de montanha pelo gado durante todo o ano.*
Agricultura da Europa Central. Volume: 9, p. 311-316.

Murad, Y. e Abu-Farshakh (2004). *Avaliação das propriedades de consolidação de solos coesivos utilizando ensaios de penetração piezoeléctrica*. Centro de Investigação de Transportes do Louisiana. Volume: 99, p. 736-781.

Nwankwo, C.N.;Ogagarue, D.O. e Ezeoke, F.O. (2012). *Investigação da variação da Resistividade com a Profundidade em partes do estado de Rivers, Sul da Nigéria*.British journal of applied science and technology. Volume: 3(3) p. 452-461.

Rogers, J. e David (2006). *Exploração do subsolo utilizando o ensaio de penetração padrão e o ensaio do penetrómetro cónico*. Sociedade Geológica da América. Volume: 12 pp. 161-179.

Sahay J. (2004). *Elementos de engenharia agrícola*. Standard publishers distributors, Nova Deli.

Tekeste, M.Z.; Raper, R.L.; Tollner, E.W. e Way T.R. (2009). *Análise de elementos finitos da penetração do cone de solo para a previsão da posição do Hardpan*.Transactions of the ASABE. Volume: 50(1), p. 23-31.

APÊNDICE

APPENDIX 1

Os solos recebem nomes únicos com base na sua concentração de areia, silte e argila, e estão convenientemente organizados no triângulo de textura do solo mostrado na ilustração.

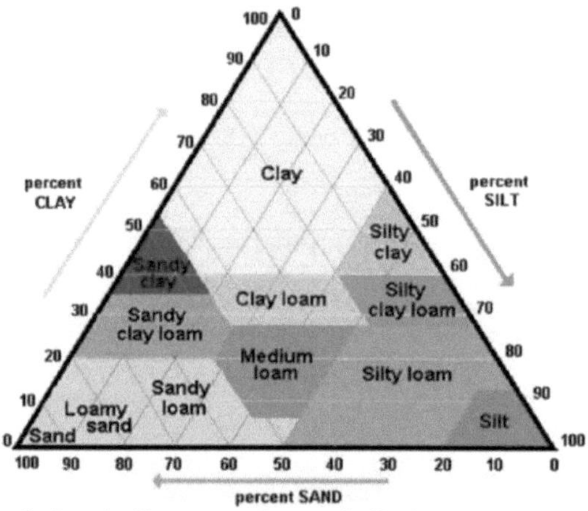

Triângulo do solo (fonte: oneplan.org/soil triangle)

APPENDIX 2

Sistemas de classificação granulométrica do Departamento de Agricultura dos EUA e da Sociedade Internacional de Ciência do Solo.

Partículas	USDA	ISSS
Argila	< 0,002 mm	< 0,002 mm
Silte fino	0,002 - 0,006 mm	
Silte médio	0,006 - 0,02 mm	0,002 - 0,05 mm
Lamas grosseiras	0,02 - 0,05 mm	
Areia muito fina	0,05 - 0,1 mm	
Areia fina	0,1 - 0,25 mm	0,05-0,2 mm
Areia média	0,25 - 0,5 mm	

Areia grossa	0,5 - 1,0 mm	0,2-2,0 mm
Areia muito grossa	1-2 mm	
Cascalho/pedras	> 2 mm	> 2 mm

APPENDIX 3

Resistência média do solo para diferentes tipos de solo

Tipo de solo	**ᵛResistência ($kg/_2$)** Cem '
Solo arenoso	0.2
Argila arenosa	0.3
Argila siltosa	0,35 à 0,5
Solo argiloso	0,4 à 0,56
Argila pesada	0,5 à 0,7
Um chão escuro	1,0 à 1,4

equações necessárias para calcular a resistência do solo :
Área de superfície do cone = n x r x h
Onde
r = raio do cone, h = altura do cone.
31

2) Resistance (for manual) = $\dfrac{force(Kg)}{area(cm^2)}$

3) Moisture Content (%wb) = $\dfrac{initialwei\,ght - finalweigh\,t}{initialwei\,ght} \times 100$

4) Resistance (for automatic) = $\dfrac{force(N)}{conearea(cm^2) \times 100}$

APPENDIX 4

Cálculo da resistência do solo na exploração JAU :

(A) Cálculo para a parcela 1 :

Não.	Instrumento utilizado	Resistência	Nível de humidade
1.	manual (penetrómetro)	0,2212 kg/ cimento2	14,64% (%wb)
		0,2529 kg/ cimento2	14,37% (%wb)
		0,2497 Kg/ /cm2	15,01% (%wb)
	Média	0,2412 kg/ 2 Cem	14,67% (%wb)
2.	automático (penetrómetro)	0,21 kg/ cimento2	33,0% vol
		0,21 kg/ cimento2	33,0% vol
		0,21 kg/ cimento2	33,0% vol
	Média	0,21 kg/ 2 Cem	33,0% vol

Não.	Instrumento utilizado	Resistência	Nível de humidade
1.	manual (penetrómetro)	0,2429 kg/ 2 Cimento	13,63% (%wb)
		0,2501 kg/ 2 Cimento	13,71% (%wb)
		0,2351 kg/ 2 Cimento	13,60% (%wb)
	Média	0,2427 kg/ 2 Cem	13,64% (%wb)
2.	automático (penetrómetro)	0,239 kg/ 2 Cimento	32,0% vol
		0,239 kg/ 2 Cimento	32,0% vol

		0,239 Kg/ 2 /cm	32,0% vol
	Média	0,239 kg/ 2 Cem	32,0% vol

Não.	Instrumento utilizado	Resistência	Nível de humidade
1.	manual (penetrómetro)	0,3214 kg/ 2 Cimento	16,47% (%wb)
		0,3449 kg/ 2 Cimento	16,50% (%wb)
		0,3109 kg/ 2 Cimento	16,47% (%wb)
	Média	0,3257 kg/ 2 Cem	16,48% (%wb)
2.	automático (Pénétrologue)	0,307 kg/ 2 Cimento	41,0% vol
		0,307 kg/ 2 Cimento	41,0% vol
		0,307 kg/ 2 Cimento	41,0% vol
	Média	0,307 Kg/ 2 /cm	41,0% vol

MIX
Papier aus verantwortungsvollen Quellen
Paper from responsible sources
FSC® C105338

Printed by Books on Demand GmbH, Norderstedt / Germany